BEI GRIN MACHT SICH IHR WISSEN BEZAHLT

Roland Engelhart

Waldgeschichte und Forstgeographie des Schönbuch

GRIN Verlag

Bibliografische Information der Deutschen Nationalbibliothek:

Die Deutsche Bibliothek verzeichnet diese Publikation in der Deutschen National-
bibliografie; detaillierte bibliografische Daten sind im Internet über http://dnb.d-
nb.de/ abrufbar.

Impressum:

Copyright © 1991 GRIN Verlag GmbH
Druck und Bindung: Books on Demand GmbH, Norderstedt Germany
ISBN: 978-3-640-41915-9

Dieses Buch bei GRIN:

http://www.grin.com/de/e-book/132593/waldgeschichte-und-forstgeographie-des-
schoenbuch

GRIN - Your knowledge has value

Der GRIN Verlag publiziert seit 1998 wissenschaftliche Arbeiten von Studenten, Hochschullehrern und anderen Akademikern als eBook und gedrucktes Buch. Die Verlagswebsite www.grin.com ist die ideale Plattform zur Veröffentlichung von Hausarbeiten, Abschlussarbeiten, wissenschaftlichen Aufsätzen, Dissertationen und Fachbüchern.

Besuchen Sie uns im Internet:

http://www.grin.com/

http://www.facebook.com/grincom

http://www.twitter.com/grin_com

Roland Engelhart

Waldgeschichte und Forstgeographie des Schönbuch

Inhaltsverzeichnis

1. Naturräumliche Abgrenzung und Einführung

Der Schönbuch ist das mehr oder minder zusammenhängende Waldgebiet mit der folgenden Umgrenzung: Böblingen im Norden, Tübingen im Süden, Nürtingen im Osten und Herrenberg im Westen.

Erdgeschichtlich stammt der Schönbuch aus den Ablagerungen des Trias-Meeres, das sich hier vor mehr als 200 Millionen Jahren ausdehnte. Im Wesentlichen besteht er aus Keuperschichten: weiche Tone, Mergel, Lehme und harter Sandstein. Sie geben dem Schönbuch ein lebhaftes Gepräge.

Die Übergänge sind zum Teil etwas schroff, so zwischen den Hochflächen (der Bromberg mit 583 Meter ist die höchste Erhebung) und den Steilhängen. Somit ist das Gebiet des Schönbuchs ein Abbild des schwäbischen Schichtstufenlandes.

Die Waldlandschaft des Schönbuchs wird durch ein dichtes, weit verzweigtes Netz von Bächen gegliedert: durch den Goldersbach im zentralen Bereich und im Süden, mit Aib und Schaich im nordöstlichen Teil und durch den Rechenbach im Osten.

Der Schönbuch wurde im Jahre 1974 als erster Naturpark in Baden-Württemberg gegründet und hat eine Ausdehnung von 15.564 Hektar.

Die Grenzen des Schönbuchs sind historisch bedingt: Die ältesten Grenzen, die wir kennen, stammen aus dem Mittelalter und decken sich nicht mit denen von heute. Im Mittelalter wurde der Schönbuch von allen Seiten durch Rodungen und Schenkungen zerstückelt und auch in den späten Jahrhunderten wurden dem Wald immer wieder Stücke abgerissen und der Boden in Wiesen und Ackerland umgewandelt. Erst durch die Aufforstungen in den vergangenen Jahrzehnten ist der Schönbuch zu einem zusammenhängenden Waldgebiet geworden.

2. Die Herkunft des Namens Schönbuch

Vom Wortsinn her gesehen ist man leicht verleitet, den Namen Schönbuch von "schönen Buchen" oder von "schönem Buchenwald" abzuleiten.

Doch so einfach ist es nicht. Schon im Mittelalter hat man sich über den Ursprung des Namens viele Gedanken gemacht. Tatsache ist, dass vom 12. bis 16. Jahrhundert der Name in urkundlichen Nennungen "Schainbuch" und auch "Schaienbuchen" lautet. Zumindest sinngemäß lässt sich das Wort Schönbuch aus "Schachen" und "Buch" erklären. "Schachen" bedeutet ein einzeln stehendes Waldstück. Das Wort "Buch" diente als Sammelbegriff für einzeln stehende Waldbestände, was damals durchaus zutraf, denn, wie man aus zuverlässigen Geschichtsquellen weiß, war der Schönbuch im 12. Jahrhundert von vielen Weide- und Äsungsplätzen durchsetzt und bei weitem kein so gepflegtes und lückenloses zusammenhängendes Waldgebiet, wie es heute vorzufinden ist.

Bisweilen wurde die Herkunft des Namens Schönbuch mit einem der Hauptflüsschen des Schönbuchs, der Schaich, in Verbindung gebracht. Eine eindeutige Erklärung für den Namen gibt es aber bis heute nicht.

3. Zur Waldgeschichte des Schönbuch

Der Schönbuch gehörte früher einmal dem Pfalzgrafen von Tübingen, der ihn vom Kaiser als Lehen erhalten hatte. Die älteste urkundliche Erwähnung ist in diesem Zusammenhang das Jahr 1007. Die Pfalzgrafen von Tübingen verschuldeten sich durch ihre Lebensführung mehr und mehr und mussten deshalb in der Folgezeit Teile des Schönbuchs verkaufen. Ferner wurden dem Kloster Bebenhausen beträchtliche Schenkungen gemacht. 1382 gingen schließlich die letzten Teile des Schönbuchs an das Haus Württemberg. Seitdem wurde der Schönbuch als württembergisches Reichslehen weitergeführt.

Im Laufe der Zeit hatten die Nutzungsbefugnisse der Bewohner der umliegenden Gemeinden am Schönbuch immer mehr zugenommen. Dabei ist zu bemerken, dass die zugestandenen Rechte darüber hinaus noch übertreten wurden, so dass der Schönbuch immer mehr zur Heide zu werden drohte. Es gab zwei Gruppen von Nutzungsbefugten des Schönbuchs: die Schönbuchberechtigten und die Schönbuchgenossen.

Die Schönbuchberechtigten durften für den eigenen Bedarf Brennholz schlagen, waren dabei an keine Holzart gebunden und durften außerdem jede Menge Bauholz schlagen. Als Entschädigung mussten sie Ritterdienste leisten und später dann den Jägern und Hunden Kost und Logis gewähren.

Den Schönbuchgenossen waren etwas weniger Rechte eingeräumt worden, so sollten sie sich ihr Brennholz aus schlechteren Baumbeständen und aus sturmbeschädigtem Wald besorgen. Sie durften ebenfalls Bauholz entsprechend ihres Bauvorhabens schlagen. Für beides zahlten sie eine so genannte Schönbuchmiete.

Es wurde zwar immer wieder versucht, diese Rechte einzudämmen, doch vergebens. So wurde der Waldzustand immer desolater. Der Schönbuch bestand hauptsächlich nur noch aus Weidefläche und Ödland und nur noch vereinzelt stand Wald. Lediglich bestimmte Bannwaldungen, auf denen sehr geringe Belastungen lagen, waren verhältnismäßig gut geschlossen. Die Gründe für diese Entwicklung waren mannigfaltig. Zum einen lag es an den erwähnten Rechten der Schönbuchberechtigten und der Schönbuchgenossen. Da die Bevölkerung sich stark vermehrte, nahm auch der Holzbedarf ständig zu. Darüber hinaus nahmen die bei Übertretung angedrohten Strafgelder immer mehr an Abschreckung ab. Es pendelte sich ein regelrechter Holzhandel mit Tübingen und Stuttgart ein. Besser und zutreffender muss man hierbei eigentlich von Holzdiebstahl reden, der wie auch die Wilderei eine weit verbreitete Unsitte war. Die wenigen und schlecht bezahlten Forstbeamten konnten nur einen Bruchteil der Straftaten verfolgen. Sie hatten ohnehin kein leichtes Leben. Nicht wenige wurden angeschossen oder gar erschossen. Die Weide- und Streunutzungsrechte taten ein Weiteres zum Ruin des Schönbuchs. Ferner förderte die Jagdlust einiger Fürsten die Wildbestände, vor allem die des Rotwilds, was für den Wald auch nicht gerade gut war.

Es musste also eine tief greifende Änderung eintreten, um diese eklatanten Missstände einzudämmen. Die entscheidende Entwicklung tat sich zu Beginn des 19. Jahrhunderts auf. So wurden im Jahre 1807 die Waldungen des Schönbuchs der einheitlichen Forstverwaltung des neuen Königreichs unterstellt. In jener Zeit wurde auch das Forstamt Tübingen mit Sitz in Bebenhausen gebildet. Vorraussetzung einer geordneten Forstwirtschaft war die Beseitigung der Waldgerechtigkeiten. 1819 wurde von König Wilhelm I. beschlossen, die bestehenden Rechte im Allgemeinen durch eine Waldabgabe abzulösen. Anstelle des bisherigen

Verfahrens der Nutzungsrechte, sollten die Städte, Dörfer und etwa 100 Privatpersonen mit einer gewissen Waldfläche abgefunden werden. Dies war kein leichtes Unterfangen und führte zu vielen Rechtsstreitigkeiten, was den ganzen Ablösungsprozess in die Länge zog. Dadurch dass die Übergabe der Ablösungsflächen an die einzelnen Gemeinden in Form von Gemeindewald erfolgte, konnte eine größere Zerstückelung vermieden werden und die etwa 100 abgefundenen Privatpersonen boten wenig später ihre inzwischen total herunter gewirtschafteten Flächen dem Staat oder den Gemeinden zum Kauf an. Um eine solche unbelastete Forstwirtschaft durchführen zu können, wurden vom Staat erhebliche Waldflächen geopfert, so betrug der Anteil des Gemeindewalds am Schönbuch in Jahre 1845 etwa 40 %. Die üblen Gewohnheiten der Bevölkerung änderten sich allerdings nicht so schnell, aber das verebbte mit aufkommender Viehhaltung und aufgrund einer militärisch organisierten Forstwache.

Als erste Maßnahmen wurden Entwässerungsarbeiten durchgeführt, um den durch die Kahllegung und Verödung entstandenen Nässungen entgegenzuwirken. Ferner wurde systematisch aufgeforstet. In der damaligen Zeit hatte der Schönbuch überwiegend Laubbestände. So betrug 1845 der Flächenanteil der Laubbestände 81 %, derjenige der Nadelbäume hingegen nur 19 %. Man ging bei der Aufforstung aber davon aus, dass eine bloße Brennholzwirtschaft nicht begünstigt werden sollte. Ferner sollten Fichte und Forche (Forche ist die regionale Bezeichnung für Kiefer) auf den geschädigten Standorten bodenverbessernd wirken. 1885 betrug der Anteil der Nadelbäume bereits 40 %. Der katastrophale Winter 1886, dem 15 % der Waldfläche zum Opfer fielen, brachte die Forche etwas in Misskredit, dennoch hielt man am Grundsatz fest, einen Mischbestand zu erzielen.

4. Forstgeographie in neuerer Zeit: Forstwirtschaft im Spannungs-feld von Fremdenverkehr und Jagdwirtschaft

Die Waldfläche des Schönbuchs belief sich nach Auskunft des Forstamts Tübingen anfangs der 80er Jahre auf rund 13.400 Hektar. Der jährliche Einschlag - trotz gewisser Schwankungen von Jahr zu Jahr - betrug etwa 60.000 Raummeter, wobei der Nadelholzeinschlag den überwiegenden Teil ausmachte. Dies erklärt sich aus der Geschichte des Schönbuchs und aus den Umtriebszeiten des Holzes.

Zur Verdeutlichung der Situation des Schönbuchs (Stand 1981) einige Daten:

- Flächenverteilung: 86 % Wald

                                  13 % landwirtschaftliche Flächen

                                  1 % Wasser- und Siedlungsfläche, Straßen

- Wald: 63 % Staatswald

                                  34 % Körperschaftswald

                                  3 % Privatwald

- Baumarten: 56 % Nadelwald

                                  (34 % Fichte, 21 % Forche/Lärche, 1 % Tanne)

                                  44% Laubwald

                                  (24 % Buche, 16 % Eiche, 4 % Sonstige)

Unter den Laubhölzern kommen im Schönbuch einige sonst nicht so verbreitete Baumarten vor, wie die Birke, Espe, Erle, Wildobst, Linde, Feldahorn, Vogelkirsche, Eisbeere, Traubenkirsche, Saalweide, Wacholder oder Haselnuss.

Forstwirtschaft im Schönbuch zu betreiben heißt nicht nur Holz unter möglichst günstigen Bedingungen zu produzieren, sondern bedeutet gleichzeitig Rücksicht auf den Fremdenverkehr zu nehmen und zudem Naturschutz zu betreiben. Dies bringt durchaus Schwierigkeiten und Auswirkungen mit sich. Man geht zunächst einmal von der Standortkartierung aus, in der im Wesentlichen Geländelage, Bodenart, Nährstoffgehalt und Wasserführung aufgezeichnet sind. Daraus kann man schlussfolgern, wo man welche Baumart am besten anpflanzen könnte.

Da der Schönbuch seit 1974 ein Naturpark ist, kann man nicht allein nach diesen Kriterien verfahren, sondern muss auch auf die Belange des Fremdenverkehrs Rücksicht nehmen. Zu bemerken ist dabei jedoch, dass die Naturparkvereinbarung keinen verbindlichen Rechtscharakter hat, im Gegensatz zu speziell ausgewiesenen Landschaftsschutzgebieten, die flächenmäßig jedoch nicht so stark ins Gewicht fallen. Das Forstamt Tübingen ist nach eigenen Angaben bemüht, den verschiedenen Wünschen so gut als möglich entgegen zu kommen. So sind Erholung suchende Wanderer nicht gerade darauf erpicht, durch dichte Fichtenschonungen zu gehen. Dabei kommt den Forstleuten zu Gute, dass der natürliche Wald ohnehin weitgehend aus Laubholz bestünde, woran man sich zu orientieren sucht. Andererseits muss man auch den wirtschaftlichen Gesichtspunkt hoch ansetzen, was bedeutet, dass man auf Nadelholz nicht verzichten kann. An Nadelholz besteht eine recht lebhafte Nachfrage, was der Devisenoutput für Holz an die skandinavischen Länder belegt. Man sieht die Forstwirtschaft im Schönbuch aber nicht rein unter betriebswirtschaftlichen Gesichtspunkten, sonst würde der Waldbestand des Schönbuchs heutzutage anders ausschauen. So lässt man schöne Laubholzbestände durchaus länger wachsen und älter werden, als dies der Fall wäre, wenn der Schönbuch kein Naturpark wäre.

Das größte Handicap ist jedoch das Rotwildgehege rund um Bebenhausen. Mit seinen rund 4.000 Hektar nimmt es über ein Viertel des Schönbuchs ein. In ihm leben etwa 200 bis 300 Hirsche, eine für diese Fläche recht hohe Anzahl. Das gesamte Gehege ist mit einem Zaun umgeben. Dies war in der Tat eine hohe Investition, aber wenn man bedenkt, dass das Rotwild sich früher im gesamten Schönbuch tummelte, war dies durchaus vertretbar. Die enormen Schälschäden an den Bäumen sind dadurch wenigstens auf diese Fläche begrenzt. Innerhalb des Wildgeheges sind allerdings wiederum Schutzzäune zwecks Aufziehung von Jungwaldbeständen nötig. Dies ist zwar nicht besonders ästhetisch, aber wohl unumgänglich.

5. Literaturangaben

Abetz, K., Bäuerliche Waldwirtschaft, Hamburg und Berlin 1955.

Grees, H. (Hrsg.), Der Schönbuch. Beiträge zur seiner landeskundlichen Erforschung, Bühl 1969.

Grohe, M., Musch, H.-D., Schönbuch und Gäu, Stuttgart und Aalen 1976.

Schlenker, G. (Hrsg.), Mitteilungen des Vereins für Forstliche Standort-kartierung, Nr. 5, Stuttgart 1956.

Unterlagen und Auskünfte des Forstamts Tübingen (mit Sitz in Beben-hausen).